BEI GRIN MACHT SICH IHR WISSEN BEZAHLT

- Wir veröffentlichen Ihre Hausarbeit,
  Bachelor- und Masterarbeit

- Ihr eigenes eBook und Buch -
  weltweit in allen wichtigen Shops

- Verdienen Sie an jedem Verkauf

Jetzt bei www.GRIN.com hochladen
und kostenlos publizieren

Biokunststoffe und ihre Rolle in der Kreislaufwirtschaft. Chancen und Herausforderungen

Christian Oesterreich

Bibliografische Information der Deutschen Nationalbibliothek:

Die Deutsche Nationalbibliothek verzeichnet diese Publikation in der Deutschen Nationalbibliografie; detaillierte bibliografische Daten sind im Internet über http://dnb.d-nb.de abrufbar.

ISBN: 9783963562808
Dieses Buch ist auch als E-Book erhältlich.

© GRIN Publishing GmbH
Trappentreustraße 1
80339 München

Druck und Bindung: Books on Demand GmbH, Norderstedt Germany
Gedruckt auf säurefreiem Papier aus verantwortungsvollen Quellen

Das vorliegende Werk wurde sorgfältig erarbeitet. Dennoch übernehmen Autoren und Verlag für die Richtigkeit von Angaben, Hinweisen, Links und Ratschlägen sowie eventuelle Druckfehler keine Haftung.

Das Buch bei GRIN: https://www.grin.com/document/1452384

Biokunststoffe und ihre Rolle in der Kreislaufwirtschaft

Chancen und Herausforderungen

Abstract

Diese Arbeit untersucht die Verbindung zwischen Biokunststoffen und der Kreislaufwirtschaft, wobei sowohl die Herausforderungen als auch die Chancen ihrer nahtlosen Integration in bestehende Systeme und Prozesse behandelt werden. Biokunststoffe, die aus erneuerbaren Ressourcen gewonnen werden, haben sich als vielversprechende Alternative zu herkömmlichen Kunststoffen etabliert und bieten das Potenzial, Umweltbedenken zu adressieren und nachhaltige Lösungen zu fördern. Der Anfangspunkt dieser Arbeit liegt in der Definition und Bedeutung von Biokunststoffen innerhalb des umfassenderen Kontextes der Nachhaltigkeit. Hierbei wird die Unterscheidung zwischen Biokunststoffen und konventionellen Kunststoffen aus fossilen Brennstoffen hervorgehoben, wodurch ihre Umweltfreundlichkeit und das Potenzial für positive Umweltauswirkungen verdeutlicht werden. Im Zuge der Untersuchung der Herausforderungen werden verschiedene Aspekte genauer beleuchtet, darunter die Komplexität der Beschaffung von Rohstoffen, die vielschichtigen Entsorgungsoptionen und die wirtschaftlichen Überlegungen, die ihre breite Akzeptanz beeinflussen. Besonderes Augenmerk liegt hierbei auf der wirtschaftlichen Machbarkeit, da das sensible Gleichgewicht zwischen Nachhaltigkeit und Wettbewerbsfähigkeit auf dem Markt berücksichtigt werden muss. Dies erfordert eine gründliche Analyse der Kostenstrukturen, der Marktbedingungen und der Verfügbarkeit von Finanzierungsmechanismen für Biokunststoffprojekte. Auf der Gegenseite offenbart die Untersuchung der Chancen das transformative Potenzial von Biokunststoffen. Hierzu zählen nicht nur ihre Fähigkeit, den Kohlenstoff-Fußabdruck erheblich zu reduzieren, sondern auch ihre nahtlose Integration in bestehende Modelle der Kreislaufwirtschaft. Die Arbeit hebt auch die entscheidende Rolle hervor, die unterstützende Regierungspolitiken bei der Förderung der Markteinführung von Biokunststoffen spielen können. Durch die Schaffung klarer Richtlinien, Anreize und Finanzierungsmöglichkeiten können Regierungen eine förderliche Umgebung schaffen, die das Wachstum und die Akzeptanz von Biokunststoffen unterstützt. Darüber hinaus werden in dieser Arbeit ausgewählte technologischen Fortschritte und laufende Forschungsinitiativen im Bereich der Biokunststoffe untersucht.

Schlüsselwörter: Biokunststoffe, Kreislaufwirtschaft, Nachhaltigkeit, Umweltauswirkungen, erneuerbare Ressourcen

Inhaltsverzeichnis

Abkürzungsverzeichnis

BMPs: Beste Managementpraktiken

EPR: Erweiterte Herstellerverantwortung

LCM: Lebenszyklusmanagement

PE: Polyethylen

PET: Polyethylenterephthalat

PLA: Polymilchsäure

PP: Polypropylen

R&D: Forschung und Entwicklung

1 Einführung

Einige Trinkhalme, die oft in Cafés und Restaurants verwendet werden, sind aus Biokunststoff hergestellt, ohne dass dies den Verbrauchern bewusst ist. Diese Trinkhalme sehen aus und fühlen sich an wie herkömmliche Plastikhalme, sind aber aus nachwachsenden Rohstoffen wie Maisstärke oder anderen pflanzlichen Materialien hergestellt. Das Besondere an diesem Beispiel ist die alltägliche Verwendung eines Produkts, das Teil eines größeren Trends zu nachhaltigen Alternativen zu herkömmlichen Kunststoffen ist.

In der heutigen Zeit, in der Umweltfragen und Nachhaltigkeit immer wichtiger werden, ist es entscheidend, nach Alternativen zu herkömmlichen Kunststoffen zu suchen, die oft aus nicht erneuerbaren Ressourcen hergestellt werden und langfristige Umweltschäden verursachen können. Biokunststoffe bieten eine vielversprechende Lösung, da sie aus erneuerbaren Quellen stammen und potenziell weniger Umweltauswirkungen haben können als herkömmliche Kunststoffe. Die Forschung und Entwicklung auf diesem Gebiet ist daher von großer Bedeutung, um die Potenziale von Biokunststoffen vollständig zu verstehen und ihre Integration in eine nachhaltige Materialwirtschaft voranzutreiben.

Dieser Abschnitt führt den Leser auf eine Analyse des Konzepts der Biokunststoffe und deren Ursprung aus erneuerbaren Ressourcen. Diese Einführung schafft die Grundlage für eine umfassende Untersuchung ihrer Bedeutung im Kontext nachhaltiger Praktiken. Während die Leser in die komplexe Welt der Biokunststoffe eintauchen, werden die übergeordneten Ziele der Arbeit vorgestellt und eine strukturelle Roadmap geboten, die sie durch die verschiedenen Dimensionen dieses anspruchsvollen Diskurses führt. Von den Herausforderungen über die Chancen und technologischen Fortschritte bis hin zu den zukünftigen Perspektiven.

1.1 Definition von Bioplastics

Biokunststoffe repräsentieren einen richtungsweisenden Paradigmenwechsel im Bereich der Materialwissenschaft und unterscheiden sich erheblich von herkömmlichen Kunststoffen, die aus begrenzten fossilen Brennstoffressourcen gewonnen werden. Diese innovativen Polymere zeichnen sich durch ihre primäre Herkunft aus, die hauptsächlich von erneuerbaren biologischen Materialien stammt. Gemeinsame Ausgangsstoffe sind Pflanzenstärke, Zuckerrohr, Mais und verschiedene

Biomassequellen, die alle zum umweltfreundlichen Profil von Biokunststoffen beitragen (Lackner, 2015).

Die Bedeutung von Biokunststoffen liegt in ihrem Potenzial, drängende Umweltprobleme anzugehen. Durch die Reduzierung der Abhängigkeit von nicht erneuerbaren Ressourcen bieten sie eine nachhaltige Alternative zu herkömmlichen Kunststoffen und mildern die ökologischen Auswirkungen, die mit den großen Mengen an Plastikmüll in Deponien und Ozeanen verbunden sind. Diese Umstellung steht im Einklang mit weltweiten Bemühungen, eine kreislauforientierte und umweltbewusste Wirtschaft zu schaffen, und macht Biokunststoffe zu einem Schwerpunkt in der Suche nach nachhaltigen Lösungen (Thakur et al., 2018).

Innerhalb des weitläufigen Bereichs der Biokunststoffe umfasst der Begriff eine vielfältige Palette von Materialien, die sich durch einzigartige Zusammensetzungen und Umweltmerkmale auszeichnen. Die biobasierte Natur dieser Polymere bedeutet, dass sie auf Ausgangsstoffen der lebenden Organismen basieren. Dieser biobasierte Ansatz trägt zur Reduzierung des CO_2-Fußabdrucks und der Umweltbelastung bei und zeigt ein Engagement für die verantwortungsvolle Nutzung natürlicher Ressourcen. In der Domäne der Biokunststoffe stellt eine wesentliche Differenzierung die End-of-Life-Eigenschaften dar. Obschon einige Biokunststoffe auf biobasierten Materialien basieren, ist nicht jedem dieses Schicksal gemein. Einige sind absichtlich darauf ausgelegt, biologisch abbaubar oder kompostierbar zu sein und sich im Laufe der Zeit natürlich abzubauen. Diese Eigenschaft verstärkt den Nachhaltigkeitsgedanken, da diese Biokunststoffe zur Schaffung eines geschlossenen Systems beitragen, Abfall minimieren und einen kreislauforientierten Ansatz für die Verwendung und Entsorgung von Materialien fördern (Costa et al., 2023).

1.2 Bedeutung in nachhaltigen Praktiken

Die Bedeutung von Biokunststoffen in nachhaltigen Praktiken entsteht durch ihr Potenzial, ökologische Herausforderungen durch herkömmliche Kunststoffe anzugehen. Im Gegensatz zu herkömmlichen Kunststoffen, die aus fossilen Brennstoffen gewonnen werden und zur Umweltverschmutzung beitragen, bieten Biokunststoffe eine umweltfreundlichere Alternative.

Biokunststoffe spielen eine entscheidende Rolle bei der Verringerung der Abhängigkeit von nicht erneuerbaren Ressourcen. Durch die Verwendung erneuerbarer biologischer

Materialien wie pflanzenbasierter Ausgangsstoffe tragen diese Polymere erheblich zur Erhaltung der fossilen Brennstoffreserven bei. Diese Umstellung steht im Einklang mit weltweiten Bemühungen, zu einer nachhaltigeren und kreislauforientierten Wirtschaft überzugehen, die die Ressourceneffizienz fördert und die Umweltauswirkungen im Zusammenhang mit der endlichen Ressourcengewinnung mindert (Frietsch, 2022).

Die Umweltvorteile von Biokunststoffen gehen über ihre erneuerbare Herkunft hinaus. Diese Polymere zeigen oft einen geringeren CO_2-Fußabdruck im Vergleich zu herkömmlichen Kunststoffen. Die Herstellung von Biokunststoffen kann zu einer Reduzierung der Treibhausgasemissionen führen und somit zur Minderung des Klimawandels beitragen. Die Einführung von Biokunststoffen ist daher ein strategischer Schritt in Richtung Kohlenstoffneutralität und zur Bewältigung des dringenden Bedarfs an nachhaltigen Alternativen (Umweltbundesamt, 2017).

Darüber hinaus fördert die Integration von Biokunststoffen in nachhaltige Praktiken das Bewusstsein und die Verantwortung der Verbraucher. Da Einzelpersonen und Industrien umweltbewusste Entscheidungen suchen, passt die Einführung von Biokunststoffen zur wachsenden Nachfrage nach Produkten, die Nachhaltigkeit priorisieren. Diese vom Verbraucher getriebene Veränderung ermutigt Unternehmen, umweltfreundlichere Praktiken zu übernehmen, und trägt zu einer breiteren kulturellen Transformation hin zu umweltbewusstem Leben bei (Petersen et al., 2015).

1.3 Zielsetzung der Arbeit

Ein Ziel der Arbeit ist es, eine umfassende Definition von Biokunststoffen zu etablieren und dabei ihre Zusammensetzung, Herkunft und Unterschiede zu herkömmlichen Kunststoffen detailliert darzulegen. Diese grundlegende Analyse soll den Lesern ein Verständnis der grundlegenden Eigenschaften, die Biokunststoffe definieren, vermitteln.

Zweitens versucht die Arbeit, die Bedeutung von Biokunststoffen in nachhaltigen Praktiken zu erläutern. Dieser Teil der Arbeit zielt darauf ab, zu laufenden Diskussionen über nachhaltige Alternativen und deren Integration in kreislaufwirtschaftliche Rahmenbedingungen beizutragen.

Die Arbeit will Einblicke in die Diskussion über Biokunststoffe bieten und eine ganzheitliche Perspektive präsentieren, die von der Definition des Materials bis zur Erkundung seines Potenzials für eine nachhaltigere und kreislauforientierte Zukunft reicht.

1.4 Struktur der Arbeit

Abschnitt 1 dient als Einführung in das Thema und bietet einen Überblick über die grundlegenden Konzepte von Biokunststoffen und deren Rolle in der Kreislaufwirtschaft. Hier wird die Motivation für die Erforschung dieses Themas und die Relevanz für nachhaltige Praktiken erläutert. Diese Einführung bildet das Fundament für die folgenden Abschnitte, indem sie den Kontext für die eingehenden Untersuchung von Herausforderungen, Chancen, technologischen Fortschritten und zukünftigen Ausblicken schafft.

Abschnitt 2 verlagert den Fokus auf die Herausforderungen, mit denen Biokunststoffe in der Kreislaufwirtschaft konfrontiert sind. Er geht auf Komplexitäten wie die Beschaffung von Rohstoffen, End-of-Life-Optionen und wirtschaftliche Überlegungen ein und bietet eine eingehende Analyse von Hindernissen und Überlegungen, die für die effektive Integration von Biokunststoffen entscheidend sind.

Abschnitt 3 beleuchtet die Chancen, die Biokunststoffe für die Kreislaufwirtschaft bedeuten. Unter Betonung ihres Potenzials zur Reduzierung des CO_2-Fußabdrucks, zur nahtlosen Integration in Kreislaufwirtschaftsmodelle und zur gedeihenden Entwicklung unter unterstützenden staatlichen Richtlinien enthüllt dieser Abschnitt transformative Möglichkeiten für nachhaltige Praktiken.

In Abschnitt 4 richtet sich die Aufmerksamkeit auf technologische Fortschritte und laufende Forschungsinitiativen im Bereich der Biokunststoffe und hebt innovative Entwicklungen und Forschungsbemühungen hervor, die das Feld vorantreiben.

Schließlich bietet Abschnitt 5 eine abschließende Perspektive, synthetisiert Schlüsselerkenntnisse und gibt einen Ausblick für die Nutzung von Biokunststoffen in der Kreislaufwirtschaft.

2 Herausforderungen bei Biokunststoffen und Kreislaufwirtschaft

Die Bearbeitung der komplexen Herausforderungen im Bereich der Biokunststoffe und der Kreislaufwirtschaft erfordert eine differenzierte Analyse. Die Untersuchung erstreckt sich auf den Bereich der End-of-Life-Optionen und führt eine umfassende Analyse der mit der Verwaltung von Biokunststoffen verbundenen Komplexitäten durch, wenn sie das Ende ihres Lebenszyklus erreichen. Wirtschaftliche Herausforderungen sind integraler Bestandteil dieses Kapitels, wobei ein besonderer Fokus auf dem Verstehen der komplexen wirtschaftlichen Faktoren liegt, die von der weitreichenden Annahme von Biokunststoffen beeinflusst werden.

2.1 Herausforderungen bei der Beschaffung von Rohstoffen

Die Integration von Biokunststoffen in die Kreislaufwirtschaft erfordert die Auseinandersetzung mit erheblichen Herausforderungen, die sich hauptsächlich um die Beschaffung von Rohstoffen drehen, die für ihre Produktion unerlässlich sind. Ein grundlegendes Problem entsteht bei der Suche nach einer konsistenten und nachhaltigen Versorgung mit Ausgangsstoffen, die für die Herstellung von Biokunststoffen entscheidend sind. Diese Ausgangsstoffe sind oft landwirtschaftliche Erzeugnisse wie Mais und Zuckerrohr und stellen ein komplexes Netzwerk von Umweltüberlegungen dar. Die Bereitstellung großer Flächen für Biokunststoff-Rohstoffe kann ökologische Herausforderungen wie Bodendegradation, Entwaldung und Verlust der Artenvielfalt zur Folge haben. Die Balance zwischen der Deckung des steigenden Bedarfs an Biokunststoffen und dem Schutz der Ökosysteme ist entscheidend für die langfristige Nachhaltigkeit der Biokunststoffproduktion (Mastrolia et al., 2022).

Die Abhängigkeit von bestimmten Pflanzen als Hauptausgangsstoffe für Biokunststoffe bringt zusätzliche Bedenken mit sich, insbesondere im Hinblick auf die weltweite Versorgung mit Nahrungsmitteln und die Marktpreise. Dessen Schnittstelle zwischen Nahrungs- und Materialproduktion unterstreicht die Dringlichkeit, alternative, nicht lebensmittelbasierte Quellen für Biokunststoff-Rohstoffe zu erschließen. Eine Umstellung auf die Nutzung von Abfallströmen, landwirtschaftlichen Rückständen oder unkonventionellen Quellen wie Algen mildert nicht nur die potenziellen Auswirkungen auf die Nahrungsmittelversorgung, sondern entspricht auch den Prinzipien einer

Kreislaufwirtschaft durch die Wiederverwendung vorhandener Materialien (Di Bartolo et al., 2021).

Über den Wettbewerb um Ressourcen hinaus treten Probleme wie Bodengesundheit, Wasserverbrauch und der breitere ökologische Fußabdruck des Anbaus von Nutzpflanzen in den Vordergrund. Um diesen Herausforderungen zu begegnen, sind nachhaltige landwirtschaftliche Praktiken wie biologische Landwirtschaft, Agrarökologie und regenerative Landwirtschaft unverzichtbar. Die Diversifizierung der Quellen für Biokunststoff-Ausgangsstoffe und die Nutzung innovativer Technologien zur Reduzierung von Umweltauswirkungen sind wesentliche Schritte zur Einrichtung einer verantwortungsbewussten und nachhaltigen Lieferkette für Biokunststoffe. Bei der Bewältigung dieser Herausforderungen bei der Beschaffung von Rohstoffen ist ein holistischer Ansatz entscheidend und betont Umweltverantwortung, ethische Beschaffung und innovative Lösungen, um eine kreislaufwirtschaftliche Ethik im Bereich der Biokunststoffe zu fördern. Ein holistischer Ansatz bezieht sich auf eine umfassende Herangehensweise, die alle relevanten Aspekte eines Problems oder einer Situation berücksichtigt. In Bezug auf die Beschaffung von Rohstoffen für Biokunststoffe bedeutet dies, dass Umweltverantwortung, ethische Standards und innovative Lösungen gemeinsam betrachtet und integriert werden, um eine nachhaltige und ethische Produktion zu gewährleisten (Lovett et al., 2022).

2.2 Herausforderungen bei den End-of-Life-Optionen

Die erfolgreiche Integration von Biokunststoffen in die Kreislaufwirtschaft erfordert auch effektive End-of-Life-Optionen. Im Gegensatz zum Schicksal herkömmlicher Kunststoffe, die oft ihren Weg in langfristige Deponien finden, erfordern Biokunststoffe aufgrund ihrer vielfältigen und innovativen Natur einen durchdachten Ansatz für die Entsorgung. Eine Hauptherausforderung besteht darin, den Lebenszyklus biologisch abbaubarer und kompostierbarer Biokunststoffe zu verwalten. Obwohl sie darauf ausgelegt sind, sich natürlich abzubauen, hängt die Wirksamkeit dieser Materialien von bestimmten Umweltbedingungen ab, einschließlich Temperatur, Feuchtigkeit und mikrobieller Aktivität. Die unzureichende Verfügbarkeit von industriellen Kompostieranlagen und das Fehlen standardisierter Systeme für den biologischen Abbau stellen bedeutende Hürden dar. In Regionen ohne entsprechende Kompostinfrastruktur könnten die Umweltvorteile biologisch abbaubarer Biokunststoffe beeinträchtigt sein, wenn sie in herkömmlichen Deponien landen, wo die Bedingungen für einen schnellen Abbau suboptimal sind. Das

Ausbalancieren der inhärenten Biodegradierbarkeit dieser Materialien mit der Zugänglichkeit der Entsorgungsinfrastruktur ist entscheidend, um ihr Umweltpotenzial zu realisieren (Spierling et al., 2020).

Die Angelegenheit wird kompliziert durch das Nebeneinander von verschiedenen Arten von Biokunststoffen – biologisch abbaubar und nicht biologisch abbaubar – im Abfallstrom. Für die Recyclingprozesse bedeutet das, dass die Integration unterschiedlicher Materialien die Qualität der recycelten Produkte beeinträchtigen kann. Die Festlegung klarer Richtlinien, robuster Infrastrukturen und standardisierter Prozesse für die getrennte Sammlung und Verarbeitung von Biokunststoffen wird unerlässlich. Dies ist wichtig, um deren Recyclingfähigkeit zu optimieren und Verunreinigungen in Recyclingströmen zu minimieren, um sicherzustellen, dass die Vorteile von Biokunststoffen in einer Kreislaufwirtschaft vollständig realisiert werden (Fredi & Dorigato, 2021).

Eine zusätzliche Herausforderung besteht in der Verbraucheraufklärung und im Verbraucherverhalten. Die Aufklärung der Verbraucher über die unterschiedlichen Entsorgungsanforderungen von Biokunststoffen, einschließlich der Bedeutung einer ordnungsgemäßen Trennung, ist entscheidend für die Effektivität von End-of-Life-Optionen. Die Überwindung von Gewohnheiten und die Förderung verantwortungsbewusster Abfallentsorgungspraktiken bei Verbrauchern tragen erheblich dazu bei, die Nachhaltigkeitsvorteile von Biokunststoffen in der Kreislaufwirtschaft zu maximieren (Dilkes-Hoffman et al., 2019).

2.3 Wirtschaftliche Herausforderungen

Eine primäre wirtschaftliche Herausforderung besteht in den Kosten, die mit der Produktion von Biokunststoffen im Vergleich zu herkömmlichen erdölbasierten Kunststoffen verbunden sind. Obwohl Fortschritte in der Technologie zu Kostensenkungen geführt haben, bleibt die Preiswettbewerbsfähigkeit von Biokunststoffen ein entscheidender Faktor, der ihre weitreichende Akzeptanz beeinflusst (Jain & Tiwari, 2015).

Die erfolgreiche Einsetzung von Biokunststoffen ist eng mit den Kosten und der Verfügbarkeit von Rohstoffen verknüpft. Die Abhängigkeit von landwirtschaftlichen Ernten, die klimatischen und marktbedingten Schwankungen unterliegen, führt zu Volatilität in der Biokunststoff-Lieferkette. Eine stabile und kostengünstige Versorgung mit Ausgangsstoffen ist entscheidend für den wirtschaftlichen Einsatz von

Biokunststoffen als Alternative zu herkömmlichen Kunststoffen (Lilavanichakul & Yoksan, 2023).

Zudem stellt die aktuelle Recyclinginfrastruktur, die hauptsächlich für herkömmliche Kunststoffe konzipiert ist, neben den ökologischen auch wirtschaftliche Herausforderungen für Biokunststoffe dar. Die Vermischung verschiedener Plastiktypen in Recyclingströmen kann die Qualität recycelter Materialien beeinträchtigen. Die Entwicklung separater Recyclingsysteme für Biokunststoffe erfordert erhebliche wirtschaftliche Investitionen und Koordination zwischen Branchen, was die Gesamtkosteneffizienz des Biokunststoff-Recyclings beeinflusst (Stasiškienė et al., 2022).

Regierungspolitik und -vorschriften spielen eine entscheidende Rolle bei der Gestaltung des wirtschaftlichen Umfelds für Biokunststoffe. Das Fehlen unterstützender Richtlinien oder inkonsistenter Vorschriften in verschiedenen Regionen kann das Wachstum des Marktes und Investitionen in Biokunststofftechnologien behindern. Umgekehrt können klar definierte Richtlinien, die die Verwendung von Biokunststoffen fördern und die Entwicklung von Recyclinginfrastrukturen unterstützen, dazu beitragen, wirtschaftliche Barrieren zu überwinden (Garrido et al., 2021).

2.4 Regulatorische Hürden bei der Umsetzung von Biokunststoffen

Der weitreichenden Akzeptanz und erfolgreichen Integration von Biokunststoffen stehen zahlreiche regulatorische Hürden gegenüber. Obwohl die Vorteile von Biokunststoffen für die Förderung der Nachhaltigkeit offensichtlich sind, stellen komplexe regulatorische Rahmenbedingungen erhebliche Hindernisse für ihre Umsetzung dar. Eine primäre regulatorische Herausforderung besteht im Fehlen standardisierter Definitionen und Klassifikationen für Biokunststoffe in verschiedenen Regionen. Das Fehlen von Richtlinien erschwert es Unternehmen, sich an Richtlinien zu halten. Die Harmonisierung von Definitionen und die Schaffung international anerkannter Standards sind entscheidende Schritte, um diese Hürde zu überwinden (Rosenboom et al., 2022).

Ein weiterer regulatorischer Aspekt ist die Notwendigkeit klarer Kennzeichnungsstandards für Produkte, die Biokunststoffe enthalten. Verbraucher suchen zunehmend nach Transparenz bei Produktinformationen, einschließlich Zusammensetzung und Umweltauswirkungen der verwendeten Materialien. Inkonsistente oder unklare Kennzeichnungspraktiken können Verwirrung stiften und fundierte Entscheidungen behindern. Die Festlegung standardisierter Kennzeichnungsanforderungen stellt sicher, dass Verbraucher umweltbewusste Entscheidungen treffen können und den Nachhaltigkeitsaussagen, die mit Biokunststoffprodukten verbunden sind, vertrauen können (Bos et al., 2018).

Darüber hinaus spielen Vorschriften zur Abfallbewirtschaftung eine entscheidende Rolle bei der Bestimmung des Schicksals von Biokunststoffen am Ende ihres Lebenszyklus. Biokunststoffe, insbesondere solche, die als kompostierbar oder biologisch abbaubar konzipiert sind, erfordern spezifische Bedingungen für eine ordnungsgemäße Entsorgung. Die bestehende Abfallwirtschaftsinfrastruktur in vielen Regionen entspricht jedoch möglicherweise nicht ausreichend den einzigartigen Eigenschaften von Biokunststoffen. Kollaborative Bemühungen zwischen Regulierungsbehörden, Abfallwirtschaftsbehörden und Branchenbeteiligten sind unerlässlich, um effiziente Sammel- und Verarbeitungssysteme für Biokunststoffe einzurichten (EUBP, 2023).

Bei der Beschaffung von Rohstoffen für Biokunststoffe sind allgemeingültige Vorschriften nötig, um sicherzustellen, dass diese Materialien Nachhaltigkeitskriterien erfüllen und nicht zur Entwaldung oder anderen Umweltbedenken beitragen. Regierungen können eine entscheidende Rolle spielen, indem sie die Verwendung von verantwortungsbewusst beschafften Ausgangsstoffen fördern und unsachgemäße Praktiken bestrafen (Rosenboom u. a. 2022).

3 Chancen in Biokunststoffen und Kreislaufwirtschaft

Das folgende Kapitel konzentriert sich auf die Exploration der Chancen, die sich aus der synergistischen Beziehung zwischen Biokunststoffen und der Kreislaufwirtschaft ergeben. Dabei liegt der Fokus zunächst auf dem Potenzial zur signifikanten Reduzierung des CO_2-Fußabdrucks. Im weiteren Verlauf wird die nahtlose Integration von Biokunststoffen in Kreislaufwirtschaftsmodelle untersucht, wobei Möglichkeiten aufgezeigt werden, wie nachhaltige Praktiken gefördert werden können. Von besonderer Bedeutung ist die Rolle staatlicher Unterstützung als entscheidender Katalysator für die Gestaltung von politischen Entscheidungen und Initiativen zur Förderung des Wachstums von Biokunststoffen. Diese Untersuchung lädt zur wissenschaftlichen Auseinandersetzung ein und liefert Einblicke in positive Aspekte, in denen die Reduzierung von Umweltauswirkungen im Einklang mit den Prinzipien der Kreislaufwirtschaft steht, und somit den Weg zu einer nachhaltigeren und harmonischeren Zukunft aufzeigt.

3.1 Reduzierter CO_2-Fußabdruck

Einer der Vorteile der Integration von Biokunststoffen in die Kreislaufwirtschaft besteht in ihrem erheblichen Potenzial zur deutlichen Reduzierung des CO_2-Fußabdrucks im Vergleich zu herkömmlichen erdölbasierten Kunststoffen. Der grundlegende Unterschied liegt in der Herkunft von Biokunststoffen, die aus erneuerbaren Ressourcen wie pflanzlichen Ausgangsstoffen stammen. Während ihres Wachstumszyklus werden diese Ausgangsstoffe in die Photosynthese einbezogen, einem natürlichen Prozess, der nicht nur die Rohstoffe für Biokunststoffe bereitstellt, sondern auch aktiv Kohlendioxid aus der Atmosphäre absorbiert (Changwichan et al., 2018).

Traditionelle Kunststoffe, die aus fossilen Brennstoffen bestehen, setzen während ihrer Produktion gespeicherten Kohlenstoff in die Atmosphäre frei und tragen somit zu den insgesamt mit der petrochemischen Industrie verbundenen Kohlenstoffemissionen bei. Die Kohlenstoffbindungskapazität von Biokunststoffen bietet einen greifbaren Umweltvorteil und wirkt als abmildernder Faktor gegen die Treibhausgasemissionen, die den Klimawandel antreiben. Darüber hinaus gehen die Umweltmerkmale bestimmter Biokunststoffe über reine Kohlenstoffneutralität hinaus, wobei einige Varianten, wie die aus Algen oder bestimmten landwirtschaftlichen Rückständen abgeleiteten, eine negative Wirkung wegen des Kohlenstoffes zeigen. Das bedeutet, dass die insgesamt während ihres Lebenszyklus absorbierte Kohlendioxidmenge die Emissionen übertrifft, die durch Produktion und Entsorgung verursacht werden. Solche Innovationen stellen einen bedeutenden Schritt dar, um eine netto-positive Umweltauswirkung im breiteren Kontext nachhaltiger Materialwahl zu erreichen (Narayan, 2011).

Zusätzlich trägt die reduzierte Abhängigkeit von nicht erneuerbaren Ressourcen in der Biokunststoffproduktion zu den Prinzipien der Ressourceneffizienz in einer Kreislaufwirtschaft bei. Durch die Verwendung erneuerbarer Ausgangsstoffe unterstützen Biokunststoffe ein geschlossenes System, in dem Materialien nachhaltig beschafft, effizient genutzt und in den Produktionszyklus wieder integriert werden. Dieser umfassende Ansatz minimiert Abfall und fördert eine verantwortungsbewusste Ressourcenbewirtschaftung, bietet eine ganzheitliche Lösung zur Bewältigung der Umweltprobleme, die durch herkömmliche Kunststoffe verursacht werden (Moodley & Trois, 2022).

3.2 Integration in die Kreislaufwirtschaft

Die Integration von Biokunststoffen in die Kreislaufwirtschaft bedeutet einen entscheidenden Schritt zur Neugestaltung von Materiallebenszyklen und zur Förderung eines nachhaltigeren Ansatzes zur Ressourcennutzung. Im Zentrum dieser Integration steht das Konzept der Kreislaufführung, bei dem Materialien beschafft, genutzt und dann in den Produktionszyklus zurückgeführt oder auf eine Weise in die Umwelt entlassen werden, die Abfall und Umweltauswirkungen minimiert. Biokunststoffe spielen eine entscheidende Rolle bei der Umsetzung der Prinzipien einer Kreislaufwirtschaft. Abgeleitet aus erneuerbaren Ausgangsstoffen, entsprechen sie der Idee der nachhaltigen Beschaffung von Materialien. Der Anbau dieser Ausgangsstoffe beinhaltet oft landwirtschaftliche Praktiken, die bei verantwortungsbewusster Bewirtschaftung zur Bodengesundheit, Biodiversität und insgesamt zur Resilienz des Ökosystems beitragen können. Dies steht im Gegensatz zur Förderung endlicher fossiler Brennstoffe und betont die erneuerbare Natur der Rohstoffe von Biokunststoffen (Buijzen et al., 2022).

Die Nutzungsphase von Biokunststoffen setzt das Paradigma der Kreislaufführung fort. Diese Materialien, sei es in Verpackungen, Konsumgütern oder anderen Anwendungen, können so gestaltet werden, dass sie langlebig und funktional sind. Darüber hinaus ermöglichen Fortschritte in der Formulierung von Biokunststoffen maßgeschneiderte Eigenschaften, die zu verlängerten Produktlebensdauern und einer reduzierten Umweltauswirkung während der Nutzungsphase beitragen. Diese Langlebigkeit unterstützt den Schwerpunkt der Kreislaufwirtschaft auf der Optimierung der Nutzbarkeit von Materialien im Laufe der Zeit (Dobrucka, 2019).

Entscheidend zeigt auch die End-of-Life-Phase die Kreislaufführung von Biokunststoffen. Im Einklang mit Recyclingpraktiken können Biokunststoffe gesammelt, verarbeitet und wieder in den Produktionszyklus eingeführt werden, um neue Produkte zu schaffen. Diese Recyclingfähigkeit stellt eine Abkehr vom linearen Modell von Nehmen-Herstellen-Entsorgen dar, das mit herkömmlichen Kunststoffen verbunden ist. Darüber hinaus sind einige Biokunststoffe so konzipiert, dass sie kompostierbar sind und somit eine organische End-of-Life-Option bieten, die den Prinzipien der Kreislaufwirtschaft entspricht, indem Nährstoffe dem Boden zurückgeführt werden (Melnyk et al., 2019).

Die Integration von Biokunststoffen in die Kreislaufwirtschaft erstreckt sich über Materialzyklen hinaus. Sie beinhaltet auch umfassendere systemische Veränderungen wie die Entwicklung von Infrastrukturen für die separate Sammlung und Verarbeitung von Biokunststoffen, Aufklärungskampagnen, um Verbraucher über geeignete Entsorgungsmethoden zu informieren, und Zusammenarbeit zwischen Industrie und Regierungen, um eine Umgebung zu schaffen, die förderlich für kreislauforientierte Praktiken ist (Venkatesh, 2022).

3.3 Unterstützung durch die Regierung

Die erfolgreiche Integration von Biokunststoffen in die Kreislaufwirtschaft wird wesentlich vom Maß an Unterstützung und strategischen Initiativen der Regierungen beeinflusst. Die Anerkennung der Umweltvorteile und des Potenzials von Biokunststoffen spielt eine entscheidende Rolle bei der Gestaltung von Politiken, Vorschriften und Anreizen, die die Annahme dieser nachhaltigen Alternativen fördern.

Regierungen können maßgeblich dazu beitragen, die Entwicklung und Forschung von Biokunststofftechnologien zu fördern und voranzutreiben. Finanzierung für innovative Projekte, Zusammenarbeit mit Forschungseinrichtungen und Anreize für Unternehmen, die in nachhaltige Praktiken investieren, tragen zum Wachstum und zur Entwicklung der Biokunststoffbranche bei. Diese Unterstützung ist entscheidend für die Förderung technologischer Fortschritte, Verbesserung der Effizienz von Biokunststoffproduktionsprozessen und Erweiterung des Spektrums verfügbarer Biokunststoffmaterialien (EUR-Lex, 2022).

Von Regierungen festgelegte regulatorische Rahmenbedingungen spielen ebenfalls eine Schlüsselrolle bei der Gestaltung des Umfelds für Biokunststoffe. Klare und unterstützende Vorschriften, die die Verwendung von Biokunststoffen in bestimmten Anwendungen priorisieren, Leitlinien für die Kennzeichnung bereitstellen und Standards für Kompostierbarkeit und Recycling festlegen, schaffen eine förderliche Umgebung für das Marktwachstum. Inkonsequente oder restriktive Vorschriften können hingegen die weit verbreitete Akzeptanz von Biokunststoffen behindern und ihr Potenzial zur Verringerung von Umweltschäden einschränken (Rosenboom et al., 2022).

Finanzielle Anreize wie Steuergutschriften oder Subventionen für Unternehmen, die Biokunststoffe in ihren Betrieb integrieren, wirken als starke Treiber für die Marktanwendung. Diese Anreize fördern nicht nur die Verwendung nachhaltiger Materialien, sondern tragen auch zur wirtschaftlichen Machbarkeit von Unternehmen bei, die den Übergang zu umweltfreundlicheren Praktiken vollziehen. Regierungen können ihre wirtschaftspolitischen Instrumente nutzen, um Investitionen in Biokunststofftechnologien zu stimulieren und das Wachstum einer nachhaltigen Branche zu unterstützen (Bachmann et al., 2022).

Zusätzlich sind von Regierungen initiierte Aufklärungs- und Bildungskampagnen von zentraler Bedeutung für die Gestaltung von Verbraucherwahrnehmungen und -verhalten. Die Information der Öffentlichkeit über die Umweltvorteile von Biokunststoffen, korrekte Entsorgungsmethoden und den generellen Beitrag zur Kreislaufwirtschaft fördert eine aufgeklärte und umweltbewusste Gesellschaft. Regierungen können mit Interessenvertretern der Industrie und Nichtregierungsorganisationen zusammenarbeiten, um Bildungsbemühungen zu verstärken und einen einheitlichen Ansatz für nachhaltige Praktiken zu gewährleisten (Otaki & Kyono, 2022).

4 Technologische Fortschritte und Forschung

Die Untersuchung der neuesten Entwicklungen unterstreicht die vielschichtigen Dimensionen der Biokunststofftechnologie, einschließlich Fortschritten in der Materialwissenschaft und der Gewinnung neuartiger Ausgangsstoffe. Durch eine Bewertung des aktuellen Standes der Biokunststofftechnologie soll dieses Kapitel dazu beitragen, ein Verständnis der gemachten Fortschritte und der noch zu erforschenden Möglichkeiten zu wecken.

4.1 Aktueller Stand der Biokunststofftechnologie

Zum gegenwärtigen Zeitpunkt ist die Biokunststofftechnologielandschaft ein dynamisches und sich rasch entwickelndes Feld, das vielversprechende Lösungen für Umweltprobleme im Zusammenhang mit herkömmlichen Kunststoffen bietet. Aktuelle Fortschritte in der Biokunststofftechnologie umfassen eine breite Palette von Materialien, Produktionsprozessen und Anwendungen, die zur Diversifizierung und Reife der Branche beitragen. Ein bemerkenswerter Aspekt des aktuellen Standes der Biokunststofftechnologie ist die erweiterte Vielfalt der verwendeten Ausgangsstoffe. Während man bei der Herstellung früher Biokunststoffe hauptsächlich auf Nahrungsgrundlagen angewiesen war, haben aktuelle Entwicklungen die Basis für die Ausgangsstoffe auf landwirtschaftliche Rückstände, Algen und sogar Abfallströme erweitert. Diese Diversifizierung mildert nicht nur Bedenken hinsichtlich des Wettbewerbs mit der Lebensmittelproduktion, sondern stärkt auch die Nachhaltigkeit und Widerstandsfähigkeit der Biokunststofflieferketten (Wellenreuther & Wolf, 2020).

Hinsichtlich der Materialeigenschaften wurden erhebliche Fortschritte erzielt, um die Leistungsfähigkeit und Vielseitigkeit von Biokunststoffen zu verbessern. Wissenschaftler und Brancheninnovatoren haben Biokunststoffe gezielt an verschiedene Anforderungen angepasst, von Verpackungsmaterialien mit verbesserten Barrieren bis hin zu robusten Komponenten für die Automobil- und Elektronikindustrie. Dieser Trend zu anpassbaren Formulierungen positioniert Biokunststoffe als tragfähige Alternativen in einer sich ausweitenden Vielfalt von Branchen (Kong et al., 2023).

Technologische Fortschritte haben sich auch mit den Herausforderungen am Ende des Lebenszyklus von Biokunststoffen befasst. Innovationen in der Formulierung von kompostierbaren Biokunststoffen haben deren Fähigkeit zur Zersetzung unter kontrollierten Bedingungen verbessert und unterstützen so ihre Integration in

Kompostieranlagen. Darüber hinaus wurden Fortschritte bei der Entwicklung von Recyclingprozessen für bestimmte Arten von Biokunststoffen erzielt, was Möglichkeiten für geschlossene Systeme innerhalb der Kreislaufwirtschaft bietet (Gioia et al., 2021).

Trotz dieser Fortschritte bestehen weiterhin Herausforderungen hinsichtlich Skalierbarkeit und Kosteneffizienz. Die Skalierbarkeit bestimmter Biokunststoffproduktionsprozesse bleibt zu berücksichtigen, und die Erreichung von Kostenparität mit herkömmlichen Kunststoffen ist ein fortlaufendes Ziel. Dennoch deuten laufende Forschungs- und Entwicklungsinitiativen, zusammen mit wachsender Marktnachfrage und zunehmenden Investitionen, darauf hin, dass diesen Herausforderungen in naher Zukunft positiv begegnet werden kann (Pathak et al., 2014).

4.2 Laufende Forschungsinitiativen

Das Bild der Biokunststoffe wird kontinuierlich durch laufende Forschungsinitiativen geformt und verfeinert, die darauf abzielen, bestehende Herausforderungen anzugehen, die Leistung zu verbessern und neue Möglichkeiten für nachhaltige Materialien zu entdecken. Die aktuelle Forschung im Bereich der Biokunststoffe umfasst verschiedene Bereiche und spiegelt eine gemeinsame Anstrengung wider, die Grenzen der Technologie zu erweitern und zu einer Weiterentwicklung umweltfreundlicherer Alternativen beizutragen. Ein Fokus laufender Forschungsinitiativen liegt auf der Erprobung neuartiger Ausgangsstoffe für die Biokunststoffproduktion. Forscher integrieren alternative Biomassequellen wie Nicht-Nahrungspflanzen, Mikroorganismen und Abfallstoffe, um die Optimierung der Ausgangsstoffe zu diversifizieren. Dies geschieht durch die Erweiterung der Auswahlmöglichkeiten und die Anpassung an unterschiedliche Anforderungen und Kontexte, was zu einer vielfältigeren und robusteren Basis für die Entwicklung von Biokunststoffen führt. Dies mildert nicht nur Bedenken hinsichtlich des Wettbewerbs um Ressourcen, sondern stärkt auch die Nachhaltigkeit und Widerstandsfähigkeit der Biokunststoff-Lieferketten im Einklang mit den Prinzipien einer Kreislauf- und biobasierten Wirtschaft (Luengo et al., 2003).

Im Bereich der Materialwissenschaft werden Anstrengungen unternommen, die Eigenschaften und Funktionalitäten von Biokunststoffen zu verbessern. Forscher passen Biokunststoffformulierungen an, um spezifische Anforderungen der Industrie zu erfüllen, und verbessern Aspekte wie Haltbarkeit, Flexibilität und Hitzebeständigkeit. Ziel ist es, den Anwendungsbereich von Biokunststoffen zu erweitern und sie zu wettbewerbsfähigen Alternativen in Bereichen wie Verpackung, Automobil und Elektronik zu machen (Kumar et al., 2021).

Die Bewältigung von Herausforderungen am Ende des Lebenszyklus bleibt ein zentraler Schwerpunkt der Forschung. Wissenschaftler entwickeln fortschrittliche kompostierbare Biokunststoffe, die effizient unter verschiedenen Umweltbedingungen abgebaut werden. Darüber hinaus werden Innovationen in Recyclingtechnologien für Biokunststoffe erforscht, um effektivere Prozesse zur Rückgewinnung und Wiederverwendung von Biokunststoffmaterialien zu schaffen. Diese Initiativen tragen zur Schaffung von geschlossenen Systemen bei, die im Einklang mit den Prinzipien der Kreislaufwirtschaft stehen (Sphere, 2019).

Biokunststoff-Forscher setzen sich auch mit der Optimierung von Produktionsprozessen auseinander. Nachhaltige und energieeffiziente Herstellungsmethoden werden erforscht, um die Umweltauswirkungen der Biokunststoffproduktion zu reduzieren. Die Verbesserung der Skalierbarkeit und Kosteneffizienz von Produktionsprozessen stellt sicher, dass Biokunststoffe wirtschaftlich mit herkömmlichen Kunststoffen im größeren Maßstab konkurrieren können. Darüber hinaus gewinnen interdisziplinäre Zusammenarbeiten in der Biokunststoff-Forschung an Bedeutung, indem Experten aus verschiedenen Bereichen wie Materialwissenschaft, Biologie, Ingenieurwissenschaften und Wirtschaft zusammengeführt werden. Diese kollaborativen Bemühungen fördern einen ganzheitlichen Ansatz zur Bewältigung der komplexen Herausforderungen im Zusammenhang mit Biokunststoffen und tragen zu einem umfassenden Verständnis ihrer potenziellen Umwelt-, sozialen und wirtschaftlichen Auswirkungen bei (Krishnamurthy & Amritkumar, 2019).

5 Schlussfolgerung

Abschließend werden die wichtigsten Erkenntnisse zusammengefasst, die aus der Diskussion über Biokunststoffe und ihre Rolle in der Kreislaufwirtschaft gewonnen wurden. Zunächst erfolgt eine Zusammenfassung der zentralen Punkte, die im Verlauf dieser Untersuchung herausgearbeitet wurden. Diese Zusammenfassung bietet einen kompakten Überblick über die Bedeutung von Biokunststoffen, ihre Herausforderungen und Chancen sowie den aktuellen Stand der Technologie. Im Anschluss daran wird ein Blick in die Zukunft von Biokunststoffen geworfen und potenzielle Entwicklungen, Trends und Herausforderungen diskutiert, die den Weg für diese innovative Materialklasse in den kommenden Jahren prägen werden.

5.1 Zusammenfassung

Die Diskussion über Biokunststoffe und ihre Rolle in der Kreislaufwirtschaft hat eine Fülle entscheidender Themen hervorgebracht, die Einblicke in die Komplexität, die Herausforderungen und die Chancen dieses sich entwickelnden Bereichs bieten. Beginnend mit der Definition von Biokunststoffen als Materialien, die aus erneuerbaren Ressourcen wie Pflanzen, Mikroorganismen oder landwirtschaftlichen Nebenprodukten hergestellt werden, wird ihre Bedeutung in Bezug auf Nachhaltigkeit und Ressourceneffizienz hervorgehoben. Diese grundsätzliche Unterscheidung von herkömmlichen Kunststoffen, die aus fossilen Brennstoffen gewonnen werden, betont nicht nur die ökologischen Vorteile, sondern auch das transformative Potenzial von Biokunststoffen für die Industrie und die Gesellschaft.

Biokunststoffe bieten eine vielversprechende Alternative zu herkömmlichen Kunststoffen, indem sie dazu beitragen, den CO2-Fußabdruck zu reduzieren, die Abhängigkeit von nicht erneuerbaren Ressourcen zu verringern und die Endlichkeit fossiler Rohstoffe zu adressieren. Ihre Integration in Kreislaufwirtschaftsmodelle ist nicht nur eine Option, sondern zunehmend eine Notwendigkeit, um den wachsenden Umweltbelastungen durch die Kunststoffproduktion zu begegnen.

Auf der einen Seite sind die Herausforderungen, die mit der breiteren Einführung von Biokunststoffen verbunden sind, nicht zu unterschätzen. Sie umfassen komplexe Fragen der Rohstoffbeschaffung, der Entwicklung effizienter End-of-Life-Optionen und der Sicherstellung wirtschaftlicher Machbarkeit und Rentabilität. Diese Herausforderungen verdeutlichen die dringende Notwendigkeit strategischer Ansätze auf politischer, wirtschaftlicher und technologischer Ebene sowie die Schaffung unterstützender

Rahmenbedingungen, um eine reibungslose Integration von Biokunststoffen in bestehende Systeme zu ermöglichen.

Auf der anderen Seite bieten Biokunststoffe auch eine Fülle von Chancen für eine nachhaltigere Zukunft. Ihre Potenziale zur Reduzierung des CO_2-Fußabdrucks, zur Förderung einer Kreislaufwirtschaft und zur Schaffung innovativer Lösungen für globale Umweltprobleme sind groß. Die Integration von Biokunststoffen in Kreislaufwirtschaftsmodelle bietet nicht nur ökologische, sondern auch wirtschaftliche und soziale Vorteile, indem sie neue Geschäftsmodelle und Arbeitsplätze schafft und die Abhängigkeit von unsicheren Rohstoffmärkten verringert.

Die technologische Landschaft der Biokunststoffe entwickelt sich rasant weiter und bietet Möglichkeiten für Innovationen und Fortschritte. Von der Weiterentwicklung von Biopolymeren und verbesserten Materialeigenschaften bis hin zu effizienteren Produktionsverfahren und neuen Anwendungen reicht das Spektrum der aktuellen Forschung und Entwicklung. Diese technologischen Fortschritte sind entscheidend für die Zukunftsfähigkeit von Biokunststoffen und ihr Potenzial, als Schlüsselkomponente einer nachhaltigen Materialwirtschaft zu fungieren.

Als Fazit unterstreicht diese Zusammenfassung die komplexe und vielschichtige Natur von Biokunststoffen sowie die Notwendigkeit eines ganzheitlichen und koordinierten Ansatzes zur Maximierung ihrer Potenziale in der Kreislaufwirtschaft.

5.2 Ausblick

Ein Blick in die Zukunft zeigt, dass die Perspektiven für Biokunststoffe sowohl von Herausforderungen als auch vielversprechenden Chancen geprägt sind, was die dynamische Natur nachhaltiger Materialien im globalen Kontext widerspiegelt. Ein entscheidender Aspekt der zukünftigen Entwicklung besteht darin, die bestehenden Herausforderungen für Biokunststoffe zu überwinden. Die Bewältigung von Problemen im Zusammenhang mit der Beschaffung von Rohstoffen, End-of-Life-Optionen und wirtschaftlichen Überlegungen erfordert gemeinsame Anstrengungen von Akteuren der Industrie, politischen Entscheidungsträgern und Forschungsgemeinschaften. Strategische Lösungen, innovative Technologien und unterstützende rechtliche Rahmenbedingungen werden eine entscheidende Rolle dabei spielen, das volle Potenzial von Biokunststoffen zu entfalten.

Ein Blick in die Zukunft von Biokunststoffen in der Kreislaufwirtschaft zeigt vielversprechende Aussichten. Fortschritte in Materialien wie Polyethylen, Polypropylen und Milchsäure sollen nachhaltige Alternativen formen. Laufende Forschungs- und Entwicklungsaktivitäten, insbesondere bei PLA als biologisch abbaubare Option, zeigen ein Engagement für die Bewältigung von End-of-Life-Herausforderungen und die Ausrichtung an Best-Management-Practices für eine verantwortungsbewusste Abfallbewirtschaftung.

Zukünftige Initiativen sind darauf ausgerichtet, die die Verantwortlichkeit, vor allem der Hersteller, im gesamten Lebenszyklus von Biokunststoffen zu stärken. Dieser Ansatz, kombiniert mit einer Konzentration auf das Lebenszyklusmanagement, spiegelt ein wachsendes Bewusstsein für die Notwendigkeit umfassender und nachhaltiger Lösungen im Biokunststoffmanagement wider.

In Erwartung einer Verlagerung zu umweltfreundlichen Optionen, angetrieben von staatlichen Richtlinien und Verbraucherpräferenzen, wird davon ausgegangen, dass Recyclingtechnologien für Polyethylenterephthalat weiterentwickelt werden. Die zukünftige Vision umfasst ein robustes Kreislaufwirtschaftsmodell, in dem PET, ein häufig verwendeter Kunststoff, effizient recycelt werden kann, um die Umweltauswirkungen zu reduzieren.

Die Integration von Biokunststoffen in die Kreislaufwirtschaft steht im Begriff, eine wichtige Rolle bei der Gestaltung ihrer zukünftigen Auswirkungen zu spielen. Eine zunehmende Sensibilisierung und Akzeptanz von Biokunststoffen im Verbrauchermarkt, zusammen mit dem Aufbau robuster Recycling- und Kompostinfrastrukturen, wird dazu beitragen, geschlossene Systeme zu etablieren. Diese Integration steht im Einklang mit globalen Nachhaltigkeitszielen und betont den verantwortungsbewussten Einsatz und die Wiederverwertung von Materialien zur Minimierung der Umweltauswirkungen.

Es wird erwartet, dass die Unterstützung und Politik der Regierungen einen wesentlichen Einfluss auf die Zukunft von Biokunststoffen haben werden. Kontinuierliche Förderung von Forschung und Entwicklung, die Umsetzung klarer und unterstützender Vorschriften sowie wirtschaftliche Anreize zur Nutzung von Biokunststoffen werden entscheidend sein, um eine förderliche Umgebung für ihr Wachstum zu schaffen. Konstante weltweite Bemühungen, ausgewogene Produktionsprozesse und -bedingungen für nachhaltige Materialien zu schaffen, werden die Aussichten von Biokunststoffen in verschiedenen Märkten verbessern. Darüber hinaus sieht der Ausblick für die Zukunft von Biokunststoffen einen Paradigmenwechsel im Verbraucherverhalten hin zu nachhaltigeren Optionen vor. Aufklärungs- und Bewusstseinskampagnen, verbunden mit transparenter Kennzeichnung, werden die Verbraucher in die Lage versetzen, informierte Entscheidungen zu treffen und die Nachfrage nach Biokunststoffen zu steigern, um Unternehmen zur Annahme nachhaltiger Praktiken zu ermutigen.

Literaturverzeichnis

Bachmann, H., Ligon, R., & Skerritt, D. (2022). *The powerful role financial incentives can play in a transformation | McKinsey*. https://www.mckinsey.com/capabilities/transformation/our-insights/the-powerful-role-financial-incentives-can-play-in-a-transformation

Bos, H., van den Oever, M., Dammer, L., Babayan, T., Ladu, L., Clavell, J., & Vrins, M. (2018). *Standards and Regulations for the Bio-based Industry*. https://www.biobasedeconomy.eu/app/uploads/sites/2/2018/09/Please-click-here-to-access-deliverable-2.1.pdf

Buijzen, F., Ravard, M., La Scola, P., & Veras, R. (2022). *The Advantages of Compostable Bioplastics for the Circular Economy*. https://www.totalenergies-corbion.com/media/drkkiy2i/whitepaper-the-advantages-of-compostable-bioplastics-for-a-circular-economy.pdf

Changwichan, K., Silalertruksa, T., & Gheewala, S. (2018). Eco-Efficiency Assessment of Bioplastics Production Systems and End-of-Life Options. *Sustainability*, *10*(4), 952. https://doi.org/10.3390/su10040952

Costa, A., Encarnação, T., Tavares, R., Todo Bom, T., & Mateus, A. (2023). Bioplastics: Innovation for Green Transition. *Polymers*, *15*(3), 517. https://doi.org/10.3390/polym15030517

Di Bartolo, A., Infurna, G., & Dintcheva, N. T. (2021). A Review of Bioplastics and Their Adoption in the Circular Economy. *Polymers*, *13*(8), 1229. https://doi.org/10.3390/polym13081229

Dilkes-Hoffman, L., Ashworth, P., Laycock, B., Pratt, S., & Lant, P. (2019). Public attitudes towards bioplastics – knowledge, perception and end-of-life management. *Resources, Conservation and Recycling*, *151*, 104479. https://doi.org/10.1016/j.resconrec.2019.104479

Dobrucka, R. (2019). Bioplastic Packaging Materials in Circular Economy. *Logforum,*
15(1), 129–137. https://doi.org/10.17270/J.LOG.2019.322

EUBP. (2023). EU policy framework on bioplastics. *European Bioplastics e.V.*
https://www.european-bioplastics.org/policy/eu-policy-framework-on-bioplastics/

EUR-Lex. (2022). *Rahmen für staatliche Beihilfen zur Förderung von Forschung,*
Entwicklung und Innovation (FEI-Rahmen) | EUR-Lex. https://eur-
lex.europa.eu/DE/legal-content/summary/state-aid-framework-for-research-and-
development-and-innovation-rdi-framework.html

Fredi, G., & Dorigato, A. (2021). Recycling of bioplastic waste: A review. *Advanced*
Industrial and Engineering Polymer Research, 4(3), 159–177.
https://doi.org/10.1016/j.aiepr.2021.06.006

Frietsch, M. (2022, February 17). *Kunststoff: Bio-Kunststoffe.* https://www.planet-
wissen.de/technik/werkstoffe/kunststoff/pwiebiokunststoffe100.html

Garrido, R., Cabeza, L. F., & Falguera, V. (2021). An Overview of Bioplastic Research
on Its Relation to National Policies. *Sustainability, 13*(14), 7848.
https://doi.org/10.3390/su13147848

Gioia, C., Giacobazzi, G., Vannini, M., Totaro, G., Sisti, L., Colonna, M., Marchese, P.,
& Celli, A. (2021). End of Life of Biodegradable Plastics: Composting versus
Re/Upcycling. *ChemSusChem, 14*(19), 4167–4175.
https://doi.org/10.1002/cssc.202101226

Jain, R., & Tiwari, A. (2015). Biosynthesis of planet friendly bioplastics using renewable
carbon source. *Journal of Environmental Health Science and Engineering,*
13(1), 11. https://doi.org/10.1186/s40201-015-0165-3

Kong, U., Mohammad Rawi, N. F., & Tay, G. S. (2023). The Potential Applications of
Reinforced Bioplastics in Various Industries: A Review. *Polymers, 15*(10), 2399.
https://doi.org/10.3390/polym15102399

Krishnamurthy, A., & Amritkumar, P. (2019). Synthesis and characterization of eco-

friendly bioplastic from low-cost plant resources. *SN Applied Sciences, 1*(11),

1432. https://doi.org/10.1007/s42452-019-1460-x

Kumar, A., Singh, S., Thakur, A., & Sandilya, S. (2021). Recent Advances in

Bioplastics: Synthesis and Emerging Perspective. *Iranian Journal of Chemistry

and Chemical Engineering (IJCCE), Online First.*

https://doi.org/10.30492/ijcce.2021.141813.4459

Lackner, M. (2015). Bioplastics. In Kirk-Othmer (Hg.), *Kirk-Othmer Encyclopedia of

Chemical Technology* (1st ed., pp. 1–41). Wiley.

https://doi.org/10.1002/0471238961.koe00006

Lilavanichakul, A., & Yoksan, R. (2023). Development of Bioplastics from Cassava

toward the Sustainability of Cassava Value Chain in Thailand. *Sustainability,

15*(20), 14713. https://doi.org/10.3390/su152014713

Lovett, J., de Bie, F., & Visser, D. (2022). *Sustainable Sourcing of Feedstocks for

Bioplastics.* https://www.totalenergies-

corbion.com/media/ijpb1qzl/totalenergiescorbionpla_whitepaper_foodstock_1-

3.pdf

Luengo, J. M., García, B., Sandoval, A., Naharro, G., & Olivera, E. R. (2003).

Bioplastics from microorganisms. *Current Opinion in Microbiology, 6*(3), 251–

260. https://doi.org/10.1016/S1369-5274(03)00040-7

Mastrolia, C., Giaquinto, D., Gatz, C., Pervez, Md., Hasan, S., Zarra, T., Li, C.-W.,

Belgiorno, V., & Naddeo, V. (2022). Plastic Pollution: Are Bioplastics the Right

Solution? *Water, 14*(22), 3596. https://doi.org/10.3390/w14223596

Melnyk, L., Kubatko, O., Piven, V., Kucherenko, P., & Ihnatchenko, V. (2019).

Bioplastics production for circular economy and sustainable development

promotion. *Ekonomika APK, 11*, 79–84. https://doi.org/10.32317/2221-

1055.201911079

Moodley, P., & Trois, C. (2022). Circular closed-loop waste biorefineries: Organic

waste as an innovative feedstock for the production of bioplastic in South Africa.

South African Journal of Science. https://doi.org/10.17159/sajs.2022/12683

Narayan, R. (2011). Carbon footprint of bioplastics using biocarbon content analysis

and life-cycle assessment. *MRS Bulletin, 36*(9), 716–721.

https://doi.org/10.1557/mrs.2011.210

Otaki, Y., & Kyono, T. (2022). Effects of information provision on public attitudes toward

bioplastics in Japan. *Frontiers in Sustainability, 3.*

https://www.frontiersin.org/articles/10.3389/frsus.2022.927857

Pathak, S., Sneha, C. L. R., & Mathew, B. B. (2014). Bioplastics: Its Timeline Based

Scenario & Challenges. *Journal of Polymer and Biopolymer Physics Chemistry,*

2(4), Article 4. https://doi.org/10.12691/jpbpc-2-4-5

Petersen, M., Brockhaus, S., & Kersten, W. (2015). Biokunststoffe für nachhaltigere

Produkte: Ergebnisse einer qualitativen Studie in der Produktentwicklung von

Konsumgüterunternehmen. *ZWF Zeitschrift Fuer Wirtschaftlichen Fabrikbetrieb,*

110, 686–689. https://doi.org/10.3139/104.111427

Rosenboom, J.-G., Langer, R., & Traverso, G. (2022). Bioplastics for a circular

economy. *Nature Reviews Materials, 7*(2), Article 2.

https://doi.org/10.1038/s41578-021-00407-8

Sphere. (2019). *Biodegradable and Compostable Bioplastics.* https://sphere.eu/wp-

content/uploads/2019/09/18072019-Rapport-SPHERE-ANG-DEF.pdf

Spierling, S., Venkatachalam, V., Mudersbach, M., Becker, N., Herrmann, C., &

Endres, H.-J. (2020). End-of-Life Options for Bio-Based Plastics in a Circular

Economy—Status Quo and Potential from a Life Cycle Assessment

Perspective. *Resources, 9*(7), 90. https://doi.org/10.3390/resources9070090

Stasiškienė, Ž., Barbir, J., Draudvilienė, L., Chong, Z. K., Kuchta, K., Voronova, V., &

Leal Filho, W. (2022). Challenges and Strategies for Bio-Based and

Biodegradable Plastic Waste Management in Europe. *Sustainability, 14*(24),

16476. https://doi.org/10.3390/su142416476

Thakur, S., Chaudhary, J., Sharma, B., Verma, A., Tamulevicius, S., & Thakur, V. K.

(2018). Sustainability of bioplastics: Opportunities and challenges. *Current*

Opinion in Green and Sustainable Chemistry, 13, 68–75.

https://doi.org/10.1016/j.cogsc.2018.04.013

Umwelt Bundesamt. (2017, October 26). *Biobasierte und biologisch abbaubare*

Kunststoffe [Text]. Umweltbundesamt; Umweltbundesamt.

https://www.umweltbundesamt.de/biobasierte-biologisch-abbaubare-kunststoffe

Venkatesh, G. (2022). Circular Bio-economy – Paradigm for the Future: Systematic

Review of Scientific Journal Publications from 2015 to 2021. *Circular Economy*

and Sustainability, 2(1), 231–279. https://doi.org/10.1007/s43615-021-00084-3

Wellenreuther, C., & Wolf, A. (2020). *Innovative Feedstocks in Biodegradable Bio-*

based Plastics: A Literature Review.

Autorenkasten:

Der Autor ist Verfahrensentwickler in einem Unternehmen der Kunststoffindustrie und technischer Berater im Rahmen einer wissenschaftlichen Zusammenarbeit an der Hochschule UIPA zu Charkiw.